FORSCHUNGSBERICHT DES LANDES NORDRHEIN-WESTFALEN

Nr. 3115 / Fachgruppe Physik/Chemie/Biologie

Herausgegeben vom Minister für Wissenschaft und Forschung

Prof. Dr. Dieter Naumann

unter Mitwirkung von
Dr. Wolfgang Habel
Dr. Peter Reinelt
Dr. Ehrengard Renk

Lehrbereich Anorganische Chemie
Universität Dortmund

Ligandenaustauschreaktionen an Perfluoroorganohalogen-Verbindungen

Springer Fachmedien Wiesbaden GmbH

CIP-Kurztitelaufnahme der Deutschen Bibliothek

Naumann, Dieter:
Ligandenaustauschreaktionen an Perfluoroorganohalogen-Verbindungen / Dieter Naumann. Unter Mitw. von Wolfgang Habel ... - Opladen : Westdeutscher Verlag, 1982.

(Forschungsberichte des Landes Nordrhein-Westfalen ; Nr. 3115 : Fachgruppe Physik, Chemie, Biologie)

NE: Nordrhein-Westfalen: Forschungsberichte des Landes ...

ISBN 978-3-531-03115-6 ISBN 978-3-663-06757-3 (eBook)
DOI 10.1007/978-3-663-06757-3

Inhalt

1.000 Einleitung

Als erste Perfluoralkyliod-Verbindung überhaupt wurde im Jahre 1959 von M. Schmeißer und E. Scharf das Trifluormethylioddifluorid CF_3IF_2 durch Tieftemperaturfluorierung von CF_3I mit elementarem Fluor dargestellt [1]. Es ist ein farbloser, thermisch instabiler und hydrolyseempfindlicher Festkörper. Erst 10 Jahre später beschrieb C.S. Rondestvedt jr. die Bildung weiterer Perfluoralkyliodfluoride der Form R_fIF_2 und R_fIF_4 bei der Umsetzung von Perfluoralkyliodiden mit den Halogenfluoriden ClF, ClF_3 und BrF_3 [2]. CF_3IF_4 wurde erstmals von O.R. Chambers, G. Oates und J.M. Winfield im Jahre 1972 aus der Reaktion von CF_3I mit ClF_3 bei $-78^{o}C$ erhalten [3]. Mit den Methylmethoxysilanen $(CH_3)_nSi(OCH_3)_{4-n}$ reagiert CF_3IF_4 in einer Ligandenaustauschreaktion unter Bildung aller möglichen Austauschprodukte $CF_3IF_n(OCH_3)_{4-n}$ [4]. Schließlich war als weiteres Perfluoralkyliod-Derivat noch das Trifluoracetat $C_3F_7I(OCOCF_3)_2$ beschrieben worden, das bei der Umsetzung von C_3F_7I mit Trifluorperessigsäure entstanden war [5]. Dies waren bis zum Beginn unserer eigenen Arbeiten die einzigen Literaturhinweise auf die Existenz von Perfluoralkyliod-Verbindungen. Mitte der 70er Jahre konnten wir zunächst ein einfaches, jederzeit reproduzierbares Darstellungsverfahren für Perfluoralkyliod(III)- und -iod(V)fluoride entwickeln [6] und zahlreiche weitere Derivate dieser Verbindungsklasse synthetisieren und charakterisieren. Auf diesen Ergebnissen baut der folgende Bericht auf, wobei der Schwerpunkt der Untersuchungen auf die Ligandenaustauschreaktionen der Perfluoralkyliod-Verbindungen gelegt wurde. Versuche, diese Arbeiten auf die homologen Brom- und Chlorverbindungen zu übertragen, scheiterten, da alle getesteten Oxidationsreaktionen zur Bindungsspaltung und damit Zersetzung der Verbindungen führten.

2.000 Darstellung und Eigenschaften der Perfluoralkyliodfluoride

Die Perfluoralkyliod(III)- und -iod(V)fluoride können durch Fluorierung der entsprechenden Perfluoralkyliodide mit ClF, ClF_3 oder BrF_3 gewonnen werden [2,3]. In Anlehnung an die ersten Untersuchungen von M. Schmeißer und E. Scharf [1] haben wir die Tieftemperaturfluorierung von Perfluoralkyliodiden mit elementarem Fluor zu einem jederzeit reproduzierbaren Verfahren ausbauen können, das es erlaubt, durch Variation der Reaktionsbedingungen entweder die Perfluoralkyliod(III)- oder die Perfluoralkyliod(V)fluoride in großen Mengen und hoher Reinheit darzustellen [6]. So entstehen bei -78°C in CCl_3F als Lösungs- und Suspensionsmittel die Iod(III)-Verbindungen R_fIF_2, bei -40°C werden die Iod(V)-Verbindungen R_fIF_4 gebildet. Eine weitere Erhöhung der Reaktionstemperatur ist nicht zweckmäßig, da dann schon partiell die C-I-Bindung gespalten wird und zusätzlich Zersetzungsprodukte entstehen. Weiterhin ist zu beobachten, daß die Löslichkeit der Fluoride mit der Kettenlänge des Perfluoralkylrestes zunimmt. Da die Fluorierung sicherlich in der Lösungsphase abläuft, darf bei den längerkettigen Derivaten kein allzu großer Überschuß an Fluor eingesetzt werden, um eine Weiterfluorierung zu vermeiden. Alle Perfluoralkyliodfluoride sind farblose, sehr hydrolyseempfindliche Festkörper. Ihre thermische Stabilität steigt mit zunehmender Kettenlänge des Perfluoralkylrestes. Die Iod(III)-Verbindungen bilden mit organischen N-Basen recht stabile 1:1-Addukte. Dagegen konnten von den Iod(V)-Verbindungen unter entsprechenden Bedingungen keine Addukte isoliert werden.

Zur Identifizierung der Verbindungen eignete sich besonders gut die ^{19}F-NMR-Spektroskopie. Die chemischen Verschiebungen sind in Abhängigkeit vom Lösungsmittel in Tabelle 1 angegeben. Zum Vergleich sind auch die aus der Literatur schon bekannten Daten mit aufgeführt. Alle Werte sind auf CCl_3F als Standard bezogen und zu höherem Feld verschoben. Charakteristisch ist jeweils die chemische Verschiebung der IF_n-Gruppe. Sie liegt bei allen Iod(III)-Verbindungen bei etwa 170 ppm, bei den Iod(V)-Verbindungen bei 30 bis 35 ppm. Bei den CF_3-Derivaten wird auch die Verschiebung der CF_3-Gruppe stark von der Umgebung des Iods beeinflußt. Dadurch wird eine rasche Identifizierung ermöglicht.

Mit wenigen Ausnahmen sind alle weiteren Perfluoralkyliod-Verbindungen durch Austauschreaktionen aus den Fluoriden zugänglich.

Tabelle 1: ^{19}F-NMR-Spektren der Perfluoralkyliodfluoride

Verbindung	Lösungsmittel	Chemische Verschiebung (ppm)[a)] CF_3	CF_2	CF_2	IF_n
CF_3IF_2	CCl_4	-32,0			-168,7
	CH_3CN	-33,7			-175,7
	C_5H_5N	-36,8			-171,8
	C_6F_{14} [3]	-28,8			-172,7
$C_2F_5IF_2$	CCl_4	-82,2		-83,5	-168,3
	CH_3CN	-81,6		-86,0	-175,5
	C_5H_5N	-81,4		-90,2	-172,7
	? [2][b)]	-79,6		-74,8	-164,4
$C_3F_7IF_2$	CCl_4	-81,5	-123,5	-80,3	-167,5
	CH_3CN	-80,2	-120,8	-81,2	-173,2
	C_5H_5N	-80,0	-121,8	-86,4	-171,1
	? [2][b)]	-79,7	-118,7	-78,6	-164,4
CF_3IF_4	CCl_4	-57,6			-35,0
	CH_3CN	-57,5			-34,9
	C_5H_5N	-58,0			-36,3
	CCl_3F [3,4]	-56,1			-32,4
$C_2F_5IF_4$	CH_3CN	-78,2		-92,6	-32,5
	CCl_3F [4]	-77,8		-85,3	-30,2
$C_3F_7IF_4$	CH_3CN	-80,5	-124,3	-87,1	-30,2
	? [2][b)]	-79,7	-122,8	-81,2	-22,2

a) gegen CCl_3F als innerer Standard, alle Werte zu höherem Feld.

b) keine Angabe über das benutzte Lösungsmittel.

3.000 Ligandenaustauschreaktionen der Perfluoralkyliod(III)-Verbindungen

Hier wurden zunächst Fluoraustauschreaktionen zur Darstellung neuer Derivate und anschließend Ligandenaustauschreaktionen der neuen Derivate untersucht.

3.100 Fluoraustauschreaktionen von Perfluoralkyliod(III)-difluoriden R_fIF_2

3.110 Reaktionen mit Wasser und SiO_2

Die Perfluoralkyliodfluoride sind sehr hydrolyseempfindlich. Sie reagieren mit Wasser primär unter Bildung des entsprechenden Oxids, das aber sehr rasch weiterhydrolysiert wird. Die Bildung des Oxids läßt sich nachweisen, wenn CF_3IF_2 in Acetonitrillösung mit einer sehr verdünnten Lösung von Wasser in CH_3CN versetzt wird. Diese Reaktion eignet sich aber nicht zur Präparation von CF_3IO. Besser gelingt die präparative Darstellung von CF_3IO, wenn CF_3IF_2 in CH_3CN gelöst und zwischen -40 und 0^oC mit SiO_2 umgesetzt wird: $2\ CF_3IF_2 + SiO_2 \rightarrow 2\ CF_3IO + SiF_4$.
SiF_4 entweicht während der Reaktion gasförmig, und CF_3IO kann als schwerlöslicher weißer Festkörper durch Tieftemperaturfiltration isoliert werden.
Eine andere, sehr gut geeignete Synthesemethode ist die Ozonisierungsreaktion von CF_3I, die auch bei weiter Variation der Versuchsbedingungen stets zur Bildung von CF_3IO führt [7].
Da der Festkörper schwerlöslich ist und nach der Isolierung auch recht schnell altert, kann ein ^{19}F-NMR-Spektrum in CH_3CN nur von einer frisch hergestellten Probe aufgenommen werden. Es zeigt eine chemische Verschiebung von -34,8 ppm. Eine gealterte Probe ist in CH_3CN nur unmerklich löslich; lediglich in einem CH_3OH/CH_3CN-Gemisch ist die Konzentration so hoch, daß eine chemische Verschiebung bei -35,6 ppm meßbar ist. Dabei hat vermutlich eine Reaktion mit CH_3OH zu dem Methoxylat stattgefunden.
Völlig analog können auch die höheren homologen Perfluoralkyliodoxide hergestellt werden; ihre Eigenschaften entsprechen denen von CF_3IO.

3.120 Reaktion mit $(CF_3CO)_2O$

Schon bei der Einwirkung von $(CF_3CO)_2O$ auf IF_3 konnten wir feststellen, daß selbst bei tiefer Temperatur ein rascher Austausch der Fluoratome gegen Trifluoracetatliganden zu $I(OCOCF_3)_3$ erfolgt [8].
Treibende Kraft dieser Reaktion ist wohl auch die bevorzugte Bildung des flüchtigen Säurefluorids CF_3COF. Völlig analog verläuft die Reaktion von CF_3IF_2 mit $(CF_3CO)_2O$ zu $CF_3I(OCOCF_3)_2$ [9]. Diese Reaktion läßt sich mittels ^{19}F-NMR-Spektren sehr gut verfolgen. Dabei kann als Zwischenstufe die Bildung des teilsubstituierten Produkts $CF_3IF(OCOCF_3)_2$ nachgewiesen werden. Eine Isolierung des Zwischenprodukts gelingt jedoch nicht; es ist lediglich in Lösung im Gleichgewicht beständig. Wird das Lösungsmittel abdestilliert, entsteht ein Gemisch aus CF_3IF_2 und $CF_3I(OCOCF_3)_2$. $CF_3I(OCOCF_3)_2$ ist ein farbloser Festkörper, der schon bei tiefer Temperatur im Gleichgewicht mit CF_3IO und $(CF_3CO)_2O$ liegt. Die Lage dieses Gleichgewichtes ist stark temperaturabhängig. Konsequenterweise kann das Bis(trifluoracetat) auch aus CF_3IO und dem Säureanhydrid bei tiefer Temperatur gewonnen werden.
Die Ergebnisse der ^{19}F-NMR-Messungen bestätigen den Reaktionsablauf; die chemischen Verschiebungen und die beobachteten Kopplungen stimmen mit den Erwartungen überein:
$CF_3IF(OCOCF_3)$: -29,3 ppm (CF_3-Gruppe, Dublett), -155,6 ppm (IF-Gruppe, Quartett), -73,1 ppm (CF_3COO-Gruppe, Singulett).
$CF_3I(OCOCF_3)_2$: -25,4 ppm (CF_3-Gruppe, Singulett), -72,7 ppm (CF_3COO-Gruppe, Singulett).
Völlig analog verlaufen die Reaktionen der höheren homologen Perfluoralkylioddifluoride mit $(CF_3CO)_2O$. Auch die höheren homologen Anhydride der Perfluorpropionsäure und Perfluorbuttersäure reagieren analog, und es lassen sich so zahlreiche neue Perfluoralkyliodderivate darstellen.
Eine andere Darstellungsmethode wurde von Lyalin et al. beschrieben, die die Trifluoracetate aus der Umsetzung der Perfluoralkyliodide mit Trifluorperessigsäure erhielten [5,10]. Diese Reaktion gelingt aber nicht mit CF_3I, da dabei bevorzugt eine Spaltung der C-I-Bindung eintritt.

3.130 Reaktion mit N_2O_5

Ähnlich wie die Reaktion mit dem Anhydrid der Trifluoressigsäure sollten auch andere Säureanhydride mit Perfluoralkyliodfluoriden eine Fluoraustauschreaktion geben. Dies bestätigte sich bei der Umsetzung von CF_3IF_2 mit N_2O_5 [11]. Diese Reaktion verläuft jedoch nicht vollständig. Wie schon in Kap. 3.120 beschrieben, kann auch hier ein sukzessiver Fluoraustausch festgestellt werden. Durch spektroskopische Untersuchungen ist intermediär die nicht isolierbare Zwischenstufe $CF_3IF(ONO_2)$ nachweisbar. Der Gang der chemischen Verschiebungen ist vergleichbar mit dem bei der Umsetzung mit $(CF_3CO)_2O$ beobachteten: $CF_3IF(ONO_2)$: -29,3 ppm (CF_3-Gruppe, Dublett), -165,2 ppm (IF-Gruppe, Quartett); $CF_3I(ONO_2)_2$: -25,4 ppm (CF_3-Gruppe, Singulett).

$CF_3I(ONO_2)_2$ kann als hellgelber Festkörper isoliert werden, der sich leicht unter primärer Abspaltung von Stickoxiden zersetzt. Bei der Zersetzung bildet sich CF_3IO, so daß auch hier eine Darstellung des Dinitrats aus CF_3IO und N_2O_5 möglich ist.

Als günstigere Synthesemethode für $CF_3I(ONO_2)_2$ hat sich die Oxidationsreaktion von CF_3I mit $ClONO_2$ erwiesen, die ebenfalls stufenweise verläuft. In einem ersten Reaktionsschritt wird dabei 1 Mol Chlornitrat addiert, und es entsteht $CF_3ICl(ONO_2)$, welches dann in etwa 4fachem Überschuß von $ClONO_2$ quantitativ zum Dinitrat $CF_3I(ONO_2)_2$ weiterreagiert:

$$CF_3I + ClONO_2 \rightarrow CF_3ICl(ONO_2)$$

$$CF_3ICl(ONO_2) + ClONO_2 \rightarrow CF_3I(ONO_2)_2 + Cl_2$$

Auch hier konnten die höheren homologen Perfluoralkyliodderivate auf gleichem Weg synthetisiert werden.

3.140 Reaktionen mit $HOSO_2F$ und $HOSO_2CF_3$

Um zu testen, ob auch andere Verbindungsklassen außer den bisher beschriebenen Anhydriden zu Fluoraustauschreaktionen befähigt sind, wurden die Reaktionen von R_fIF_2 mit den starken Säuren Fluorsulfonsäure und Trifluormethansulfonsäure untersucht. Bei diesen Umsetzungen sollte eine HF-Eliminierung erfolgen:

$$R_fIF_2 + 2\ HOSO_2R \rightleftharpoons R_fI(OSO_2R)_2 + 2\ HF \quad (R = F,\ CF_3).$$

Die Umsetzungen von $HOSO_2F$ mit CF_3IF_2 in CH_3CN verliefen sehr heftig unter Gasentwicklung; die Lösung färbte sich dabei gelb. Im ^{19}F-NMR-Spektrum waren nur noch Zersetzungsprodukte nach-

weisbar: CF_3I, CF_4, IF_5 und CF_3OSO_2F. Erst bei Einsatz der Sulfonsäure im Unterschuß konnte im Spektrum auch die Bildung von $CF_3I(OSO_2F)_2$ nachgewiesen werden. Eine Isolierung aus dem Gemisch gelang jedoch nicht. Versuche, das obige Gleichgewicht durch langsame Erhöhung der Säurekonzentration nach rechts zu verschieben, scheiterten, da dann bevorzugt wieder die Spaltung der C-I-Bindung auftrat und CF_3OSO_2F entstand.
So erwies sich also die Fluoraustauschreaktion als ungeeignet zur präparativen Darstellung von Perfluoralkyliodfluorsulfonaten.

Bessere Ergebnisse konnten bei der Umsetzung von CF_3IF_2 mit $HOSO_2CF_3$ erzielt werden. Dies mag daran liegen, daß $HOSO_2CF_3$ im Gegensatz zu $HOSO_2F$ keine oxidierende Wirkung mehr zeigt und dadurch Zersetzungsreaktionen zurückgedrängt sind.
Bei der sukzessiven Zugabe einer Lösung von CF_3IF_2 in CH_3CN zu einer Acetonitril-Lösung von $HOSO_2CF_3$ bei -40^oC konnte im ^{19}F-NMR-Spektrum die Bildung zweier neuer Signale im Bereich der $CF_3I(III)$-Verbindungen bei -28,0 und -29,9 ppm beobachtet werden. Dem Dublett bei -28,0 ppm ist ein weiteres breites Signal bei -177,2 ppm zuzuordnen, das von der IF-Gruppe stammt. Diese beiden Signale verändern ihre Intensität bei weiterer Zugabe von CF_3IF_2 und deuten somit auf die intermediäre Bildung von $CF_3IF(OSO_2CF_3)$ hin. Der Fluoraustausch in CF_3IF_2 gegen CF_3SO_3-Gruppen verläuft also sukzessive. Weiter ist im ^{19}F-NMR-Spektrum festzustellen, daß bei einer Temperaturerhöhung auf -20^oC die Intensität der $CF_3I-OSO_2CF_3$-Signale abnimmt und als Zersetzungsprodukt unter anderem CF_3I entsteht. Die thermische Stabilität des neuen Derivats ist also recht gering. Daher wurde für die präparative Darstellung von $CF_3I(OSO_2CF_3)_2$ bei -78^oC CF_3IF_2 in CCl_3F mit einem etwa 4-molaren Überschuß an $HOSO_2CF_3$ umgesetzt. Nach der Tieftemperatur-Vakuum-Destillation aller flüchtigen Bestandteile wurde $CF_3I(OSO_2CF_2)_2$ als hellbeiger Festkörper isoliert, der sich schon bei tiefer Temperatur leicht zersetzte und durch ^{19}F-NMR- und Ramanspektren sowie durch Elementaranalyse identifiziert wurde. Das ^{19}F-NMR-Spektrum besteht aus 2 Singuletts bei -29,9 ppm (CF_3I-Gruppe) und -77,0 ppm (CF_3SO_3-Gruppe) mit einem Intensitätsverhältnis 1:2. Die Analysen ergaben ein Atomverhältnis von I:S:F = 1:1,9:8,5 (berechnet 1:2:9).

Um auch das entsprechende Fluorsulfonat im präparativen Maßstab zu erhalten, wurden als Alternativen Oxidationsreaktionen getestet. Bisher war lediglich bekannt, daß unter Normalbedingungen CF_3I mit $ClOSO_2F$ [12] sowie mit $S_2O_6F_2$ [13] unter Spaltung der C-I-Bindung zu CF_3OSO_2F reagiert. Daher wurde versucht, durch Herabsetzung der Reaktionstemperatur und Verdünnung die Reaktion milder ablaufen zu lassen. Aber selbst eine weite Variation der Bedingungen führte nicht zu den gewünschten Produkten.

Aus den Untersuchungen von Perfluoralkyliodperchloraten [14] und -fluoriden [6] war weiterhin bekannt, daß die höheren homologen Perfluoralkylderivate eine größere Stabilität besitzen als die CF_3-Verbindungen. Daher wurden schließlich die Reaktionen von n-C_3F_7I und i-C_3F_7I mit $ClOSO_2F$ untersucht. Bei sehr vorsichtiger Reaktionsführung gelang es zwar, in den Spektren die Bildung von $C_3F_7I(OSO_2F)_2$ nachzuweisen, und es ließen sich auch hellgelbe Festkörper isolieren, die aber außerordentlich leicht zersetzlich waren. Es trat stets rascher Zerfall in C_3F_7IO und $S_2O_5F_2$ (dem Anhydrid der Fluorsulfonsäure) ein; C_3F_7IO disproportionierte zu C_3F_7I und $C_3F_7IO_2$. So kann hier ein ähnlicher Zerfallsmechanismus formuliert werden, wie er schon beim $CF_3I(ONO_2)_2$ nachgewiesen wurde [11].

3.150 Reaktionen mit $HOTeF_5$ und $B(OTeF_5)_3$

Als weiterer stark azider Ligand hat sich bei einer Reihe von Reaktionen die Pentafluoroorthotellurat-Gruppe $-OTeF_5$ erwiesen [z.B. 15]. Daher wurde versucht, durch eine Fluoraustauschreaktion von CF_3IF_2 mit $HOTeF_5$ und $B(OTeF_5)_3$ als neues Derivat ein $CF_3I(OTeF_5)_2$ zu synthetisieren:

$$CF_3IF_2 + 2\ HOTeF_5 \rightarrow CF_3I(OTeF_5)_2 + 2\ HF$$
$$3\ CF_3IF_2 + 2\ B(OTeF_5)_3 \rightarrow 3\ CF_3I(OTeF_5)_2 + 2\ BF_3$$

Bei beiden Reaktionen wurde die Bildung des neuen Produktes nachgewiesen; präparativ war es jedoch nur aus der Umsetzung mit $HOTeF_5$ erhältlich. Wenn CF_3IF_2 mit $B(OTeF_5)_3$ umgesetzt wurde, konnte im Spektrum nur bei einem Unterschuß der Borverbindung das Austauschprodukt nachgewiesen werden. Versuche, durch weiteren Zusatz von $B(OTeF_5)_3$ eine vollständige Reaktion zu erreichen, führten jeweils zur Zersetzung. Dies kann mit dem Lewissäurecharakter der Borverbindung erklärt werden, da auch andere Lewissäuren die CF_3I-Verbindungen zersetzen [16].

Um die günstigsten Bedingungen für eine präparative Darstellung von $CF_3I(OTeF_5)_2$ zu testen, wurde eine Lösung von CF_3IF_2 in Acetonitril bei -40°C sukzessive mit $HOTeF_5$ versetzt und nach jeder Säurezugabe das ^{19}F-NMR-Spektrum gemessen. Dabei nahmen die Intensitäten der CF_3IF_2-Signale kontinuierlich ab, während ein neues Signal für die CF_3-Gruppe bei -31,5 ppm auftrat. Die gemäß obiger Reaktionsgleichung zu erwartende Bildung von HF konnte durch das charakteristische breite Signal bei -182 ppm nachgewiesen werden. Die $OTeF_5$-Gruppen ergaben die Signale bei -37,0 ppm für die cis-F-Atome und -45,6 ppm für die trans-F-Atome. Hinweise auf ein teilsubstituiertes Produkt $CF_3IF(OTeF_5)$ waren den ^{19}F-NMR-Spektren nicht zu entnehmen. Erst bei Zugabe des achtfachen stöchiometrischen Überschusses an $HOTeF_5$ waren keine Signale von CF_3IF_2 mehr vorhanden, und das Spektrum zeigte neben $HOTeF_5$ und HF nur noch das Vorliegen von $CF_3I(OTeF_5)_2$. Analoge Ergebnisse brachte die Umsetzung in CCl_3F als Lösungsmittel.
Zur präparativen Darstellung wurde daher CF_3IF_2 in CCl_3F bei -40°C mit dem achtfachen stöchiometrischen Überschuß an $HOTeF_5$ während drei Tagen umgesetzt. $CF_3I(OTeF_5)_2$ bildete sich dabei als orangefarbener Festkörper, der durch Tieftemperaturfiltration isoliert und bei -78°C im Vakuum getrocknet wurde. Wie schon bei der Darstellung von $I(OTeF_5)_3$ festgestellt wurde [15 d], gelang es auch hier nicht, ein pulvertrockenes Produkt zu erhalten. Auch bei mehrtägiger Behandlung im Hochvakuum blieb der Festkörper immer noch etwas schmierig.

$CF_3I(OTeF_5)_2$ ist in Acetonitril gut, in CCl_3F schwer löslich. Der Festkörper zersetzt sich ab etwa -20°C. Zur Identifizierung eignen sich besonders gut die ^{19}F-NMR-Spektren. Exakt reproduzierbare Analysenwerte sind nicht zu erhalten, da einerseits die Tellurbestimmung in Gegenwart höherwertiger Halogenverbindungen sehr ungenau ist [vgl. auch 15 d], zum anderen bei der alkalischen Hydrolyse der Substanz augenblicklich eine Gasentwicklung eintritt, so daß keine exakte Einwaage möglich ist.

3.160 Reaktion mit $SiCl_4$

In den vorigen Kapiteln sind jeweils Versuche beschrieben worden, bei denen sich durch Fluoraustauschreaktionen neue Perfluoralkyliodderivate gebildet haben, die als Liganden Oxoanionen enthielten. Darüber hinaus war es von Interesse, ob auch die Bildung anderer Perfluoralkyliodderivate möglich ist. Dabei konzentrierten sich die Untersuchungen zunächst auf die Darstellung von Perfluoralkyliod(III)chloriden. Von der binären Verbindung Jodtrichlorid ist bekannt, daß sie schon bei tiefer Temperatur im Dissoziationsgleichgewicht $ICl_3 \rightleftharpoons ICl + Cl_2$ vorliegt. Die nichtfluorierte Verbindung CH_3ICl_2 zersetzt sich schon bei -30°C irreversibel gemäß: $CH_3ICl_2 \rightarrow CH_3Cl + ICl$ [17]. Daher war von vornherein zu erwarten, daß auch ein CF_3ICl_2 thermisch nicht stabil sein wird.

Als Darstellungsmethode bot sich auch hierfür eine Halogenaustauschreaktion an. Die Umsetzung von CF_3IF_2 mit $SiCl_4$ wurde in CH_3CN oder CCl_3F als Lösungs- bzw. Suspensionsmittel durchgeführt und ^{19}F-NMR-spektroskopisch verfolgt. Dabei zeigte sich, daß bei tiefer Temperatur der erwartete Ligandenaustausch tatsächlich stattfindet. Die Signale des CF_3IF_2 werden bei sukzessiver $SiCl_4$-Zugabe immer kleiner und verschwinden bei einem etwa 6fachen $SiCl_4$-Überschuß vollständig. Dafür treten neue Signale im Bereich der CF_3I(III)-Verbindungen bei -29 ppm und im Bereich von SiF-Verbindungen um -150 ppm auf. Bei größerem $SiCl_4$-Überschuß zeigte sich schon Zersetzung. Beim Erwärmen der Lösungen von ca. -40°C auf -20°C nimmt die Intensität des Signals von CF_3ICl_2 rapide ab, und es bildet sich CF_3I als Zersetzungsprodukt. Aus diesen Resultaten wurden die günstigsten Reaktionsbedingungen für eine präparative Darstellung abgeleitet. Hierzu wird CF_3IF_2 bei -78°C in CCl_3F suspendiert und die etwa 6fache äquimolare Menge $SiCl_4$ hinzugegeben. Das Reaktionsgemisch wird dann bei -50°C mehrere Tage intensiv gerührt und das quantitativ gebildete CF_3ICl_2 durch Tieftemperaturfiltration isoliert.

CF_3ICl_2 ist ein hellgelber, temperatur- und hydrolyseempfindlicher Festkörper, der sich zwischen -35 und -30°C zersetzt. Bei der Zersetzung bildet sich im Gegensatz zu der Zersetzung des CH_3ICl_2 ein Gleichgewicht $CF_3ICl_2 \rightleftharpoons CF_3I + Cl_2$ aus, dessen Lage temperaturabhängig ist. Das ^{19}F-NMR-Spektrum ist lösungsmittelabhängig. So wird in CH_3CN eine chemische Verschiebung bei -29,0 ppm, in THF bei -31,6 ppm beobachtet. Die Schwingungsspektren und Elementaranalysen beweisen ebenfalls das Vorliegen von CF_3ICl_2.

Um zu untersuchen, ob eine Erhöhung der thermischen Stabilität der Perfluoralkylioddichloride bei längerkettigen Perfluoralkylderivaten erreicht werden kann, wie es schon bei den Perfluoralkyliodfluoriden beobachtet wurde, wurden die Austauschreaktionen auch mit $C_2F_5IF_2$, $C_3F_7IF_2$ und $C_6F_{13}IF_2$ durchgeführt. Dabei zeigte sich jedoch ein genau umgekehrter Trend. Die längerkettigen Austauschverbindungen zersetzen sich wesentlich leichter als das CF_3-Derivat. Daher müssen die Reaktionen mit $SiCl_4$ bei noch tieferer Temperatur durchgeführt werden. In allen Fällen aber läßt sich die Bildung der Dichloride R_fICl_2 nachweisen. Während $C_2F_5ICl_2$ und $C_3F_7ICl_2$ in THF bei -60°C noch unzersetzt löslich sind und von diesen ^{19}F-NMR-Spektren gemessen werden konnten, trat beim Lösungsversuch von $C_6F_{13}ICl_2$ stets spontane Zersetzung ein. Die chemischen Verschiebungen sind nachfolgend zusammengestellt:

	CF_3-	-CF_2-	-CF-Gruppe	Lösungsmittel
CF_3ICl_2	-29,0			CH_3CN
	-31,1			THF
$C_2F_5ICl_2$	-80,4	-82,9		CH_3CN
	-80,3	-83,9		THF
i-$C_3F_7ICl_2$	-68,0		-143	CH_3CN
	-68,8		-145	THF

Insgesamt zeigte sich eine abnehmende thermische Stabilität der Derivate R_fICl_2 in der Reihe $R_f = CF_3 > C_2F_5 >$ i-$C_3F_7 >$ n-$C_3F_7 >$ n-C_6F_{13}.
Aufgrund dieser Instabilität war es auch nicht mehr möglich, von den höheren Homologen Ramanspektren aufzunehmen, da im Laser-Strahl ebenfalls rasche Zersetzung eintrat. Es waren lediglich im Bereich zwischen 270 und 300 cm^{-1} die intensiven I-Cl-Valenzschwingungen zu erkennen.

3.170 Reaktion mit $SiBr_4$

Da ein binäres Iod(III)bromid IBr_3 bis heute nicht bekannt ist, war es von Interesse zu untersuchen, ob eine Iod(III)-Brom-Verbindung durch Perfluoralkylgruppen stabilisiert werden kann. Da CF_3ICl_2 schon bei tiefer Temperatur leicht dissoziiert, wurde die Austauschreaktion von CF_3IF_2 mit $SiBr_4$ bei tiefstmöglicher Temperatur durchgeführt. Hierzu wurde CF_3IF_2 in CCl_3F bei Flüssig-Stickstoff-Temperatur mit etwa der äquimolaren Menge $SiBr_4$ versetzt und das Reaktionsgemisch dann vorsichtig aufgetaut. Dabei trat bereits eine leichte Gasentwicklung ein, die mit steigender Temperatur bis ca. -78°C immer heftiger wurde, wobei sich die Lösung intensiv braun färbte. Ein CF_3IBr_2 ließ sich nicht isolieren.

Um Aussagen über den Reaktionsablauf machen zu können, wurde die Umsetzung ^{19}F-NMR-spektroskopisch verfolgt. Dazu wurde CF_3IF_2 bei -100°C in THF sukzessive mit $SiBr_4$ versetzt. Neben dem CF_3-Signal des CF_3IF_2 bei -36,2 ppm waren zwei weitere Signale bei -31,8 und -34,0 ppm im Bereich der CF_3I(III)-Verbindungen zu erkennen sowie bei -9,8 ppm das intensive Signal des Zersetzungsproduktes CF_3I. Die beiden neuen Signale können zwanglos Iod(III)-Verbindungen zugeordnet werden, wobei in dem untersuchten System lediglich die Verbindungen CF_3IBr_2 und CF_3IBrF diskutiert werden können. Das im Fall des halbausgetauschten Produkts CF_3IBrF noch zu erwartende zweite Signal für die IBrF-Gruppe war nicht einwandfrei zu identifizieren, da in demselben Bereich (-140 bis -150 ppm) auch die Signale der Bromfluorsilane erscheinen.
Bei Zugabe eines Überschusses an $SiBr_4$ verschwinden alle Signale der CF_3I(III)-Verbindungen, und als Zersetzungsprodukt ist neben elementarem Brom nur noch CF_3I nachweisbar.

Wenn es auch nicht gelungen ist, CF_3IBr_2 zu isolieren, so kann dennoch postuliert werden, daß sich dies in Lösung zwischenzeitlich gebildet hatte:

$$CF_3IF_2 + SiBr_4 \rightarrow [CF_3IBr_2] + SiBr_nF_m$$

Selbst bei tiefer Temperatur ist dieses CF_3IBr_2 noch so instabil, daß es langsam dissoziiert in CF_3I und elementares Brom.

So ist es verständlich, daß es auch nicht gelang, die Bildung von CF_3IBr_2 aus der Oxidationsreaktion von CF_3I mit elementarem Brom nachzuweisen.

3.180 Reaktionen mit H_2S und CS_2

Als letzte der Fluoraustauschreaktionen an CF_3IF_2 sollte versucht werden, eine Iod-Schwefel-Bindung zu knüpfen. Dies schien insofern aussichtsreich, da es gelungen war, Fluor gegen das leichtere Homologe, Sauerstoff, auszutauschen. Über Iod-Schwefel-Verbindungen ist bisher nur sehr wenig bekannt. Es gibt lediglich spektroskopische Hinweise. Ähnlich wie bei der Reaktion von CF_3IF_2 mit $SiBr_4$ ein stabilisierender Einfluß der CF_3-Gruppe auf die Bildung einer Iod(III)-Brom-Verbindung angenommen wurde, könnte diese Stabilisierung auch hierbei erwartet werden. Daher wurde CF_3IF_2 mit H_2S und CS_2 zur Reaktion gebracht. In beiden Fällen konnte jedoch kein - auch kein spektroskopischer - Hinweis auf den postulierten Fluoraustausch gefunden werden.

Bei der Zugabe von H_2S zu einer Lösung von CF_3IF_2 in CCl_3F trat bei -100°C bereits eine Zersetzung ein. Als Zersetzungsprodukte konnten neben elementarem Iod noch CF_3I und IF_5 identifiziert werden, eine CF_3I(III)-Verbindung war nicht mehr nachweisbar. CS_2 dagegen erwies sich als zu inert. Bei Reaktionstemperaturen bis -40°C war keinerlei Reaktion festellbar; das eingesetzte CF_3IF_2 wurde unverändert zurückgewonnen. Erst bei höherer Temperatur trat langsam eine Reaktion ein, die aber nur zu Zersetzungsprodukten führte. Diese Untersuchungen zeigten also, daß es auf diesen Wegen nicht gelingt, eine Iod-Schwefel-Bindung zu knüpfen. Damit scheint die Grenze der möglichen Liganden, die an eine CF_3I-Gruppe gebunden werden können, erreicht zu sein.

3.200 Ligandenaustauschreaktionen der Perfluoralkyliod(III)-Derivate

In den vorigen Kapiteln konnte gezeigt werden, daß - ausgehend von den Perfluoralkyliod(III)fluoriden - die Fluoratome z.T. quantitativ gegen andere Liganden austauschbar sind, und daß diese Austauschreaktionen zur Darstellung neuer Derivate geeignet sind. Als nächstes stellte sich die Frage, ob diese neuen Verbindungen ebenfalls in der Lage sind, Ligandenaustauschreaktionen einzugehen. Als erste Nachweismethode wurde wiederum die ^{19}F-NMR-Spektroskopie gewählt, da es sich gezeigt hatte, daß in Gemischen verschiedener Perfluoralkyliod-Derivate die einzelnen Verbindungen durch zwar geringe, aber dennoch unterscheidbare chemische Verschiebungen identifiziert werden können.
Beispielhaft wurden für diese Untersuchungen die Perfluoralkyliod(III)-dinitrate, -bis(trifluoracetate) und -bis(pentafluororthotellurate eingesetzt.

3.210 Das System $CF_3I(OCOCF_3)_2$ und $CF_3I(ONO_2)_2$

Um zu testen, ob die Trifluoracetat- bzw. die Nitratliganden gegenseitig austauschbar sind, wurden mehrere Reaktionsgemische untersucht. Alle Ansätze wurden in Acetonitrillösung bei einer Temperatur von $-30^{o}C$ nach etwa 30minütiger Reaktionszeit ^{19}F-NMR-spektroskopisch vermessen.
Zunächst zeigte sich in Vorversuchen, daß ein Gemisch aus $CF_3I(OCOCF_3)_2$ und $CF_3I(ONO_2)_2$ zwei deutlich unterscheidbare Signale für die CF_3-Gruppen gibt. Um die Austauschmöglichkeit der Trifluoracetatgruppen gegen Nitratgruppen zu untersuchen, wurden unterschiedliche stöchiometrische Verhältnisse von $CF_3I(OCOCF_3)_2$ und N_2O_5 angesetzt. Bei Zugabe von nur wenig N_2O_5 zu der $CF_3I(OCOCF_3)_2$-Lösung waren im Spektrum nur die Signale des Bis(trifluoracetats) erkennbar. Bei einem Molverhältnis von 1:1,5 entstand auch $CF_3I(ONO_2)_2$ in geringen Mengen. Wird die N_2O_5-Konzentration auf ein Molverhältnis von 1:3 erhöht, so liegen beide Derivate im ungefähren Verhältnis 1:1 nebeneinander vor. Bei einem Ansatz im Molverhältnis $CF_3I(OCOCF_3)_2:N_2O_5$ = 1:5 steigt der Anteil an $CF_3I(ONO_2)_2$ auf ungefähr 1,5:1. Diese Ergebnisse zeigen, daß ein Ligandenaustausch stattfindet, und daß in Lösung ein konzentrationsabhängiges Gleichgewicht gebildet wird:

$$CF_3I(OCOCF_3)_2 + N_2O_5 \rightleftharpoons CF_3I(ONO_2)_2 + (CF_3CO)_2O.$$

Die Gegenprobe führte zu analogen Ergebnissen. Hierzu wurden $CF_3I(ONO_2)_2$ und $(CF_3CO)_2O$ in verschiedenen stöchiometrischen Verhältnissen bei sonst gleichen äußeren Bedingungen eingesetzt. Bei einem Molverhältnis 1:1 waren die Signale beider Derivate $CF_3I(OR)_2$ ($R = CF_3CO, NO_2$) nebeneinander zu erkennen; daneben erscheint sowohl im Bereich der CF_3I-Gruppen als auch der CF_3COO-Gruppen noch je ein weiteres schwaches Signal, das einem gemischtsubstituierten Derivat $CF_3I(OCOCF_3)(ONO_2)$ zugeordnet werden könnte. Bei einem molaren Ansatz 1:2 wird das Signal des Trifluoracetats wesentlich größer, das des Nitrats dagegen kleiner, bis schließlich bei größerem molaren Überschuß an $(CF_3CO)_2O$ nur noch das Trifluoracetat vorliegt. Daneben findet noch eine Reaktion zwischen den Trifluoracetat- und den Nitratgruppen statt, bei der wahrscheinlich CF_3COONO_2 gebildet wird.
Bei diesen Konkurrenzreaktionen zwischen Trifluoracetat- und Nitratliganden ergab sich, daß offensichtlich die Bildung von

$CF_3I(OCOCF_3)_2$ in Lösung bevorzugt ist. Dies ließ sich auch durch die folgende Untersuchung bestätigen. Sowohl $(CF_3CO)_2O$ als auch N_2O_5 reagieren mit CF_3IO zu den entsprechenden Trifluoracetat- bzw. Nitrat-Derivaten. Das ^{19}F-NMR-Spektrum einer Lösung von CF_3IO, zu der $(CF_3CO)_2O$ und N_2O_5 im Molverhältnis 1:1 gegeben wurden, ergab für $CF_3I(OCOCF_3)_2$ ein wesentlich intensiveres Signal als für $CF_3I(ONO_2)_2$ (ungefähres Verhältnis 3:1).

3.220 Das System $CF_3I(OCOCF_3)_2$ bzw. $CF_3I(ONO_2)_2$ und $CF_3I(OTeF_5)_2$

Außer den oben beschriebenen Gleichgewichten zwischen Trifluoracetat und Nitrat wurde auch noch die Pentafluororthotelluratgruppe in die Untersuchungen der Austauschreaktionen einbezogen.

Die Reaktion von $CF_3I(ONO_2)_2$ mit $HOTeF_5$ ergab keine Hinweise auf die Bildung von $CF_3I(OTeF_5)_2$. Neben den Ausgangsverbindungen wurden lediglich Zersetzungsprodukte gefunden. Dagegen konnte bei der Umsetzung von $CF_3I(OCOCF_3)_2$ mit $HOTeF_5$ im Gleichgewicht das Entstehen von $CF_3I(OTeF_5)_2$ beobachtet werden. Die Lage des Gleichgewichts war - wie schon im vorigen Kapitel beschrieben - abhängig vom Konzentrationsverhältnis der Ausgangsstoffe. Aber selbst bei einem größeren Überschuß an $HOTeF_5$ konnte das Gleichgewicht

$$CF_3I(OCOCF_3)_2 + HOTeF_5 \rightleftharpoons CF_3I(OTeF_5)_2 + CF_3COOH$$

nie ganz zur rechten Seite verschoben werden, so daß sich diese Reaktion nicht zur präparativen Darstellung des Pentafluororthotellurats nutzen läßt. Folgerichtig stellt sich auch bei der umgekehrten Reaktion $CF_3I(OTeF_5)_2$ mit $(CF_3CO)_2O$ wieder ein Gleichgewicht ein, in dem bei einem Überschuß an Trifluoressigsäureanhydrid auch $CF_3I(OCOCF_3)_2$ gebildet wird.

Aus diesen Reaktionen kann wohl verallgemeinernd geschlossen werden, daß Perfluoralkyliod(III)-Derivate grundsätzlich zu Ligandenaustauschreaktionen befähigt sind:

$$R_fI(OR)_2 + R'_2O \rightleftharpoons R_fI(OR')_2 + R_2O$$

bzw. $R_fI(OR)_2 + HOR' \rightleftharpoons R_fI(OR')_2 + HOR.$

Die Lage des Gleichgewichts wird bei sonst gleichen äußeren Reaktionsbedingungen lediglich durch die Konzentrationsverhältnisse bestimmt.

3.300 Zusammenfassung der Ligandenaustauschreaktionen von Perfluoralkyliod(III)-Verbindungen

In den Kap. 3.100 bis 3.220 wurden die Ergebnisse der Ligandenaustauschreaktionen von Perfluoralkyliod(III)-Verbindungen ausführlich beschrieben. Zusammenfassend läßt sich festhalten, daß die Perfluoralkyliodidifluoride R_fIF_2 recht leicht die an Iod gebundenen Fluoratome gegen andere Liganden austauschen. Diese Reaktionen können in all den Fällen, in denen das Austauschprodukt stabil ist, als Darstellungsmethoden für neue Derivate genutzt werden. Sie lassen sich formal in drei Reaktionstypen einteilen:

a) Umsetzungen von R_fIF_2 mit Säureanhydriden; auf diese Weise ließen sich R_fIO (mit SiO_2), $R_fI(OCOCF_3)_2$ (mit $(CF_3CO)_2O$) und $R_fI(ONO_2)_2$ (mit N_2O_5) herstellen.

b) Umsetzungen von R_fIF_2 mit Säuren; auf diesem Weg wurden $R_fI(OSO_2F)_2$ und $R_f(OSO_2CF_3)_2$ sowie $R_fI(OTeF_5)_2$ gebildet.

c) Umsetzungen von R_fIF_2 mit Halogeniden; hierdurch konnte R_fICl_2 (mit $SiCl_4$) dargestellt und die Bildung von R_fIBr_2 (mit $SiBr_4$) nachgewiesen werden.

Diese aufgeführten Beispiele zeigen, daß es gelingt, ausgehend von R_fIF_2, mittels Austauschreaktionen zahlreiche neue Derivate zu synthetisieren.
Bei der Untersuchung von Austauschreaktionen der verschiedenen Derivate untereinander ergab sich eindeutig, daß dabei in Lösung stets Gleichgewichte ausgebildet werden, deren Lage ausschließlich von den Konzentrationsverhältnissen abhängt.

Die ^{19}F-NMR-Daten der Trifluormethyliod(III)-Derivate sind in Tabelle 2 zusammengefaßt.

Tabelle 2: ^{19}F-NMR-Spektren der Trifluormethyliod(III)-Derivate

Verbindung	Chemische Verschiebung (ppm) [a)]	
	CF_3-Gruppe	IF_n-Gruppe
CF_3IF_2	-33,7 T	-175,7 Q
CF_3IO	-34,8 S	-
$CF_3IF(OCOCF_3)$	-29,3 D	-155,6 Q
$CF_3I(OCOCF_3)_2$	-25,4 S	-
$CF_3IF(ONO_2)$	-29,3 D	-165,2 Q
$CF_3I(ONO_2)_2$	-25,4 S	-
$CF_3IF(OSO_2CF_3)$	-28,0 D	-177,2 (breit)
$CF_3I(OSO_2CF_3)_2$	-29,9 S	-
$CF_3I(OTeF_5)_2$	-31,5 S	-
CF_3ICl_2	-29,0 S	-

a) gegen Cl_3F als innerer Standard; alle Werte zu höherem Feld; Lösungsmittel: CH_3CN. D = Dublett, Q = Quartett, S = Singulett, T = Triplett.

4.000 Ligandenaustauschreaktionen der Perfluoralkyliod(V)-Verbindungen [18]

Während über Austauschreaktionen von Perfluoralkyliod(III)-Verbindungen außer den eigenen Arbeiten aus der Literatur nichts bekannt war, ist von G. Oates und J.M. Winfield [4] im Jahre 1974 die Fluoraustauschreaktion von CF_3IF_4 mit Methylmethoxysilanen beschrieben worden. Bei 20°C reagiert CF_3IF_4 nach der Gleichung

$$CF_3IF_4 + (CH_3)_nSi(OCH_3)_{4-n} \rightarrow CF_3IF_m(OCH_3)_{4-m} + (CH_3)_nSiF_{4-n}.$$

Bei dieser Umsetzung ließen sich alle möglichen Austauschprodukte $CF_3IF_m(OCH_3)_{4-m}$ (m = 0,1,2,3) nachweisen.

In Anlehnung an die Arbeiten über Perfluoralkyliod(III)-Verbindungen werden im folgenden die Austauschreaktionen der Perfluoralkyliod(V)fluoride beschrieben.

4.100 Fluoraustauschreaktionen von Perfluoralkyliod(V)tetrafluoriden R_fIF_4

4.110 Reaktionen mit SiO_2

Analog den Perfluoralkyliod(III)fluoriden sind auch die Iod(V)-Verbindungen sehr hydrolyseempfindlich. Bei vorsichtiger Hydrolyse kann die Bildung sauerstoffhaltiger Derivate nachgewiesen werden. Für die präparative Darstellung ist aber die Umsetzung mit stöchiometrischen Mengen SiO_2 besser geeignet [7].
Die Reaktionen von R_fIF_4 mit SiO_2 verlaufen stufenweise:

$$2\ R_fIF_4 + SiO_2 \rightarrow 2\ R_fIOF_2 + SiF_4$$
$$2\ R_fIOF_2 + SiO_2 \rightarrow 2\ R_fIO_2 + SiF_4.$$

Zur gezielten Darstellung der Perfluoralkyliodoxiddifluoride R_fIOF_2 wird das Tetrafluorid bei tiefer Temperatur in CCl_3F mit etwas mehr als der theoretisch benötigten Menge SiO_2 versetzt und langsam auf höhere Temperatur gebracht. Die jeweils günstigste Reaktionstemperatur hängt von der Art des Perfluoralkylrestes ab. So wird CF_3IOF_2 am besten bei -40°C, $C_2F_5IOF_2$ bei -20°C und $C_3F_7IOF_2$ bei 0°C dargestellt. In allen Fällen lassen sich die Verbindungen nach Abfiltrieren des unumgesetzten SiO_2 und Eindampfen des Lösungsmittels als farblose, hydrolyseempfindliche, in den meisten Lösungsmitteln gut lösliche Festkörper erhalten. Bei längerer Lagerung bei Raumtemperatur tritt langsame Zersetzung ein. Die Zersetzungspunkte

(Aufheizgeschwindigkeit 1°/min) liegen bei $+36^{o}C$ (CF_3IOF_2), $+74^{o}C$ ($C_2F_5IOF_2$) bzw. $+128^{o}C$ ($C_3F_7IOF_2$). Die Zersetzung verläuft dabei spontan unter starker Iod- und Perfluoralkanentwicklung gemäß der Gleichung:

$C_nF_{2n+1}IOF_2 \rightarrow C_nF_{2n+2}$ + "IOF" ($\rightarrow I_2, I_2O_5, IF_5$).

Werden die Umsetzungen von R_fIF_4 mit etwas weniger als der doppelten stöchiometrischen Menge SiO_2 bei etwas höherer Temperatur (0 - $20^{o}C$) durchgeführt, so entstehen die entsprechenden Dioxide R_fIO_2 als Endprodukte. Wichtig ist, daß die Reaktionen bezogen auf SiO_2 quantitativ verlaufen, da die Perfluoralkylioddioxide sehr schwer löslich sind und von evtl. nicht umgesetztem SiO_2 nicht getrennt werden können. Nicht umgesetztes R_fIF_4 dagegen ist löslich und läßt sich aus dem Reaktionsgemisch leicht entfernen. Die Perfluoralkylioddioxide sind farblose, sehr schwer lösliche, an der Luft stabile Festkörper. Die Zersetzung beginnt oberhalb $60^{o}C$ und konnte am Beispiel des CF_3IO_2 geklärt werden:

$CF_3IO_2 \rightarrow CF_2O$ + "IOF" ($\rightarrow I_2, I_2O_5, IF_5$).

Lediglich frisch hergestellte Proben sind in CH_3CN löslich und können spektroskopisch vermessen werden. Gealterte Proben lösen sich in einem CH_3CN/CH_3OH-Gemisch vermutlich unter Bildung eines Methoxylats.

Die ^{19}F-NMR-Daten von R_fIOF_2 und R_fIO_2 sind nachfolgend zusammengefaßt: (chem. Verschiebung in ppm gegen CCl_3F zu höherem Feld)

	CF_3	CF_2	CF_2	IOF_2
CF_3IOF_2	-60,4			-30,5
$C_2F_5IOF_2$	-76,3		-98,8	-28,8
$C_3F_7IOF_2$	-80,0	-122,7	-94,9	-25,7
CF_3IO_2	-62,6			-
$C_2F_5IO_2$	-76,8		-109,2	-
$C_3F_7IO_2$	-79,9	-122,3	-106,9	-

Die beobachteten Kopplungen stimmen mit den Erwartungen überein.

Auch bei diesen Reaktionen sind die ^{19}F-NMR-Spektren ausgezeichnete Indikatoren für den Reaktionsablauf. Nach kurzer Reaktionszeit treten neben den Signalen von R_fIF_4 die neuen Signale für R_fIOF_2 auf, das Intensitätsverhältnis verschiebt sich mit der Zeit immer mehr zugunsten des Austauschproduktes. Mit überschüssigem SiO_2 erscheinen nach längerer Zeit auch die Signale für R_fIO_2, die nach mehrtägiger Reaktion schließlich als einzige Signale in den Spektren übrig bleiben.

4.120 Reaktionen mit den Säureanhydriden $(CF_3CO)_2O$, $(CH_3CO)_2O$ und N_2O_5

Die Fluoraustauschreaktionen der Perfluoralkyliodtetrafluoride wurden am Beispiel des CF_3IF_4 getestet. Da dabei keine eindeutigen Reaktionsabläufe zu erkennen waren, konnte auf den Einsatz der höheren homologen Derivate verzichtet werden.

Bei den Iod(III)fluoriden treten bei den Umsetzungen mit Säureanhydriden Austauschreaktionen ein, die im Falle von $(CF_3CO)_2O$ quantitativ verlaufen. In Analogie hierzu war es interessant, das Verhalten von CF_3IF_4 zu untersuchen, zumal auch schon bei den binären Iodfluoriden IF_3 und IF_5 deutliche Unterschiede im Reaktionsablauf festzustellen waren. So reagiert IF_3 mit $(CF_3CO)_2O$ quantitativ zu $I(OCOCF_3)_3$ [8]. IF_5 tauscht zwar auch seine Fluoratome aus; eine Verbindung $I(OCOCF_3)_5$ ist aber nicht nachweisbar, als Endprodukt entsteht Iodyltrifluoracetat $IO_2(OCOCF_3)$ [19].

Die Reaktion von CF_3IF_4 mit $(CF_3CO)_2O$ wurde zunächst bei einer Temperatur von -50^oC durchgeführt, um eine mögliche Zersetzung der Austauschprodukte zu vermeiden. Aber selbst nach 24stündiger Reaktionszeit zeigte das ^{19}F-NMR-Spektrum keinerlei Veränderung. Erst bei -20^oC war eine beginnende Reaktion feststellbar. Dabei entstanden neben CF_3COF in geringen Mengen auch die spektroskopisch identifizierbaren Derivate $CF_3IF_3(OCOCF_3)$ und $CF_3IF_2(OCOCF_3)_2$, deren Zuordnung durch die Art der Kopplungen und Vergleich mit den entsprechenden Methanolaten [4] gelang:

	$\delta(CF_3)$/ppm	$\delta(IF_nX_{4-n})$/ppm
$CF_3IF_3(OCH_3)$	-56,6	-7,0/-46,5
$CF_3IF_3(OCOCF_3)$	-52,8	-28,6
$CF_3IF_2(OCH_3)_2$	-58,3	-21,9
$CF_3IF_2(OCOCF_3)_2$	-59,1	-20,3

Versuche, einen weiteren Fluoraustausch durch Temperaturerhöhung zu erreichen, scheiterten. Bei 0^oC verschwanden die den o.g. Produkten zuzuordnenden Multipletts, und es bildeten sich als Zersetzungspunkte u.a. CF_3I und IF_5. Daher mußte auf eine präparative Darstellung von Perfluoralkyliod(V)trifluoracetaten verzichtet werden.

Während bei der Reaktion von CF_3IF_4 mit $(CF_3CO)_2O$ noch ein Ligandenaustausch ^{19}F-NMR-spektroskopisch nachzuweisen war, erwies sich $(CH_3CO)_2O$ als ausgesprochen reaktionsträge. Bis 0^oC trat keine Reaktion ein. Nach mehrstündiger Umsetzung bei Raumtemperatur begann bereits die Zersetzung. Völlig identisch verliefen die Versuche mit N_2O_5. Bei der Temperatur, bei der eine Reaktion einsetzte (20^oC), waren nur noch Zersetzungsprodukte nachweisbar.

Damit muß wohl die Hoffnung aufgegeben werden, daß durch Austauschreaktionen von Perfluoralkyliod(V)tetrafluoriden mit Säureanhydriden neue Perfluoralkyliod(V)-Derivate herstellbar sind.

4.130 Reaktion mit CF_3COOH

Mehr noch als gegenüber den Anhydriden erwies sich CF_3IF_4 gegenüber der Säure CF_3COOH als stabil. Selbst nach mehrstündiger Reaktion bei Raumtemperatur trat keinerlei Veränderung der Reaktionslösung ein, sieht man von einer beginnenden Zersetzung von CF_3IF_4 ab, die aber durch andere Einflüsse bedingt sein kann. Daher wurde darauf verzichtet, z.B. HNO_3, CH_3COOH oder weitere Protonsäuren einzusetzen.

4.140 Reaktionen mit den Alkoholen CH_3OH, C_2H_5OH und $(CH_3)_3COH$

Da J.M. Winfield und G. Oates [4] bei der Umsetzung von CF_3IF_4 mit Methoxysilanen einen Fluoraustausch gegen Methoxygruppen nachweisen konnten, sollte versucht werden, ob auch Alkohole eine Austauschreaktion gemäß

$$CF_3IF_4 + n\ ROH \rightarrow CF_3IF_{4-n}(OR)_n + n\ HF$$

eingehen. Auch diese Reaktionen laufen bei den gewählten Bedingungen bis Raumtemperatur nicht ab. Ein Grund mag sein, daß sich bei den Umsetzungen Gleichgewichte einstellen. Während bei J.M. Winfield et al. das leichtflüchtige $(CH_3)_3SiF$ gebildet wurde, das aus der Reaktionslösung entweicht, und somit das Gleichgewicht langsam nach rechts verschoben wird, entsteht bei den Reaktionen mit Säuren und Alkoholen HF, der offensichtlich das Gleichgewicht auf der linken Seite der Ausgangsstoffe hält.

4.150 Reaktion mit $SiCl_4$

Schließlich wurde noch versucht, analog der Bildung von CF_3ICl_2 aus CF_3IF_2 und $SiCl_4$ ein Perfluoralkyliod(V)chlorid nachzuweisen. Für eine Reaktion spricht, daß bei einem Halogenaustausch ein leichtflüchtiges Fluorsilan entstehen sollte. Gegen einen derartigen Reaktionsverlauf spricht die bisherige Nichtexistenz einer Iod(V)chlor-Verbindung. Daher sollte das Experiment entscheiden.

Die Reaktion wurde in CH_3CN bei -40^oC durchgeführt, indem zu der CF_3IF_4-Lösung sukzessive $SiCl_4$ gegeben wurde und die Lösung ^{19}F-NMR-spektroskopisch vermessen wurde. Bei Zugabe von $SiCl_4$ wurden die Signale für CF_3IF_4 immer kleiner, während neben Signalen im Bereich der Fluorsilane ein neues Singulett bei 58,2 ppm anwuchs, dessen Verschiebung im Bereich von Trifluormethyliod(V)-Verbindungen liegt. Weiterhin wurde bei längerer Reaktionsdauer auch die Bildung von CF_3ICl_2 beobachtet.

Um ein primäres Reaktionsprodukt präparativ zu gewinnen, wurde eine Umsetzung bei -78^oC in CCl_3F durchgeführt. Dabei konnte durch Tieftemperaturfiltration ein gelber Festkörper isoliert werden, der nach dem Trocknen als ICl_3 identifiziert wurde. Diese Beobachtungen lassen den Schluß zu, daß primär ein Halogenaustausch zwischen CF_3IF_4 und $SiCl_4$ erfolgt war. Ob sich dabei aber intermediär ein CF_3ICl_4 gebildet hatte, ist mit letzter Sicherheit nicht zu sagen. Sollte dies entstanden sein, so wäre durch Dissoziation in CF_3ICl_2 und Chlor die in Lösung im ^{19}F-NMR-Spektrum festgestellte Bildung von CF_3ICl_2 zu erklären. Andererseits wäre das bei der Reaktion bei -78^oC erhaltene ICl_3 ebenfalls über die primäre Bildung von CF_3ICl_4 zu verstehen. Beim Versuch, den Festkörper zu isolieren und zu trocknen, erfolgt leicht CF_3Cl-Abspaltung durch β-Eliminierung $CF_3ICl_4 \rightarrow CF_3Cl + ICl_3$, die auch schon bei anderen Zersetzungsreaktionen von CF_3I-Verbindungen beobachtet wurde.

4.160 Zusammenfassung der Fluoraustauschreaktionen

Die Perfluoralkyliod(V)tetrafluoride haben sich gegenüber Fluoraustauschreaktionen als relativ träge erwiesen. So waren keine Austauschprodukte bei den Umsetzungen mit Säuren und Alkoholen feststellbar. Auch mit den Säureanhydriden $(CH_3CO)_2O$ und N_2O_5 konnte bis zu einer Temperatur, bei der bereits Zersetzung einsetzte, keine Austauschreaktion beobachtet werden. Lediglich $(CF_3CO)_2O$ tauscht ein bis zwei Fluoratome gegen Trifluoracetatgruppen aus; dies ist aber nur in Lösung nachweisbar. Eine Isolierung ohne Zersetzung ist auch hierbei nicht möglich. Etwas anders sieht es bei den Reaktionen mit Siliziumverbindungen aus. CF_3IF_4 reagiert mit $SiCl_4$ vermutlich unter primärer Bildung eines erwartungsgemäß sehr instabilen CF_3ICl_4, das sich beim Versuch der Isolierung wieder rasch zersetzt. Mit SiO_2 dagegen kann die Austauschreaktion durch Temperatur- und Konzentrationsvariation so gesteuert werden, daß im präparativen Maßstab entweder R_fIO_2 oder R_fIOF_2 dargestellt werden können.

Über die Gründe dieses Verhaltens von Perfluoralkyliod(V)tetrafluoriden könnten verschiedene theoretische Betrachtungen diskutiert werden, die aber alle keine endgültig klaren Aussagen geben. Daher sei hier auf die Darstellung dieser Spekulationen verzichtet.

4.200 Fluoraustauschreaktionen von Perfluoralkyliod(V)-oxiddifluoriden R_fIOF_2

Die in Kap. 4.1 beschriebenen Perfluoralkyliodtetrafluoride sind gegenüber Ligandenaustauschreaktionen erstaunlich inert. Es bleibt schließlich nur noch die Frage zu klären, ob dieses inerte Verhalten auch für die Perfluoralkyliod(V)oxidfluoride gilt, oder ob hier eine höhere Reaktivität vorliegt. Da hierüber aus der Literatur noch nichts bekannt war, wurden die in den vorigen Kapiteln beschriebenen Umsetzungen auf R_fIOF_2 übertragen. Als Austauschreagenzien wurden bewußt die gleichen Substanzen gewählt, um einen direkten Vergleich zu ermöglichen.

4.210 Reaktionen mit den Säureanhydriden $(CF_3CO)_2O$, $(CH_3CO)_2O$ und N_2O_5

Da sich bei allen bisher untersuchten Systemen gezeigt hatte, daß $(CF_3CO)_2O$ das am besten reagierende Austauschreagenz ist, wurde dieses zunächst mit CF_3IOF_2 umgesetzt und der Reaktionsablauf ^{19}F-NMR-spektroskopisch verfolgt. Bei einer Reaktionstemperatur von $-40^{\circ}C$ zeigte das Spektrum der Lösung schon nach recht kurzer Zeit zahlreiche neue Signale neben denen der Ausgangssubstanzen. Die Zuordnung der Signale ist nachstehend aufgeführt:

CF_3COF:	+16,4 ppm (Quartett), -73,6 ppm (Dublett);
$CF_3IOF(OCOCF_3)$:	-35,8 ppm (Quartett, IOF-Gruppe), -54,9 ppm (Dublett, CF_3-Gruppe); J(F-F) = 15,5 Hz; -74,1 ppm (Singulett, CF_3COO-Gruppe);
$CF_3IO(OCOCF_3)_2$:	-54,4 ppm (Singulett), -73,5 ppm (Singulett);
$CF_3I(OCOCF_3)_2$:	-25,4 ppm (Singulett); -72,7 ppm (Singulett);
CF_3IO:	-33,5 ppm (Singulett).

Diese Zuordnung ist durch Vergleich mit ähnlichen bekannten Derivaten gesichert. Die Vielzahl der Reaktionsprodukte ist verblüffend. Als klare Aussage ist aus den Spektren festzuhalten, daß CF_3IOF_2 einen raschen Fluoraustausch eingeht, der in den Primärschritten der Austauschreaktion von CF_3IF_2 vergleichbar ist:

$$CF_3IOF_2 + (CF_3CO)_2O \rightarrow CF_3IOF(OCOCF_3) + CF_3COF$$
$$CF_3IOF(OCOCF_3) + (CF_3CO)_2O \rightarrow CF_3IO(OCOCF_3)_2 + CF_3COF.$$

Der Austausch verläuft also stufenweise. Die Bildung der Iod(III)-Verbindungen $CF_3I(OCOCF_3)_2$ und CF_3IO kann nur durch nachfolgende Zersetzungsreaktionen erklärt werden. Dies wird auch dadurch unterstützt, daß nach kurzer Reaktionszeit die Intensität der Signale der Iod(III)-Derivate noch recht gering ist und erst mit zunehmender Reaktionszeit ansteigt. Nach einer Reaktionszeit von ca. 1 Woche waren keine Signale einer Iod(V)-Verbindung mehr nachweisbar. Es hatte also eine vollständige Reduktion stattgefunden.

So ist es auch verständlich, daß es nicht gelang, $CF_3IO(OCOCF_3)_2$ als Substanz aus der Lösung zu isolieren; dabei waren als Festkörper stets nur die Iod(III)-Verbindungen erhältlich. Um Aufschluß über den Zersetzungsmechanismus zu bekommen, wurde die Reaktion im geschlossenen System in der Weise durchgeführt, daß alle gasförmig entweichenden Zersetzungsprodukte bei sehr tiefer Temperatur ausgefroren wurden. Als leichtflüchtige Produkte wurden neben CF_3COF noch CO_2 und C_2F_6 nachgewiesen.

Aus der Literatur ist bekannt, daß Trifluoracetate nach sehr unterschiedlichen Mechanismen zerfallen können. Ein Vergleich der hier gefundenen Zersetzungsprodukte läßt den Schluß zu, daß die Zerfallsreaktion von $CF_3IO(OCOCF_3)_2$ analog der von $Xe(OCOCF_3)_2$ [20] bzw. von $K[BrO_2(OCOCF_3)_2]$ [21] verläuft. Die Zersetzungsreaktion wäre danach folgendermaßen zu formulieren:

$$CF_3IO(OCOCF_3)_2 \rightarrow CF_3IO + C_2F_6 + 2\ CO_2.$$

Das gebildete CF_3IO liegt mit überschüssigem $(CF_3CO)_2O$ im Gleichgewicht mit $CF_3I(OCOCF_3)_2$. Damit sind alle im oben beschriebenen ^{19}F-NMR-Spektrum beobachteten Produkte erklärt.

Da die Umsetzung von CF_3IOF_2 mit $(CF_3CO)_2O$ sukzessive unter Fluoraustausch verlaufen war, schien es auch aussichtsreich, die Anhydride $(CH_3CO)_2O$ und N_2O_5 zu untersuchen. In beiden Fällen gelang der Nachweis, daß ein sukzessiver Fluoraustausch abläuft:

$$CF_3IOF_2 + R_2O \rightarrow CF_3IOF(OR) + RF \qquad (R = CH_3CO,$$
$$CF_3IOF(OR) + R_2O \rightarrow CF_3IO(OR)_2 + RF \qquad NO_2)$$

Bei der Reaktion von CF_3IOF_2 mit $(CH_3CO)_2O$ in CH_3CN bei -25^oC waren nach 24 Stunden im ^{19}F-NMR-Spektrum neben den Signalen der Ausgangsverbindung noch 4 weitere Signale vorhanden, die wie folgt zugeordnet werden können:

CH_3COF: +50,8 ppm (Quartett), J(FH) = 4 Hz [25];

$CF_3IOF(OCOCH_3)$: -35,9 ppm (Quartett, IOF-Gruppe), -54,7 ppm (Dublett, CF_3-Gruppe), J(FF) = 15,6 Hz;

$CF_3IO(OCOCH_3)_2$: -56,8 ppm (Singulett).

Analog hierzu ist das ^{19}F-NMR-Spektrum der Reaktion von CF_3IOF_2 mit N_2O_5 zuzuordnen:

$CF_3IOF(ONO_2)$: -36,4 ppm (Quartett, IOF-Gruppe), -57,4 ppm (Dublett, CF_3-Gruppe), J(FF) = 12,5 Hz;

$CF_3IO(ONO_2)_2$: -54,3 ppm (Singulett).

Beide Reaktionen sind aber selbst bei großem Überschuß an Anhydrid nicht vollständig zur Seite der disubstituierten Produkte $CF_3IO(OR)_2$ zu verschieben. So ist es auch nicht gelungen, diese beiden Austauschprodukte in Substanz zu isolieren. Bei den Isolierungsversuchen durch Einengung der Lösungen im Vakuum traten Zersetzungsreaktionen ein, bei denen u.a. elementares Iod und IF_5 entstanden.

Um evtl. doch noch Austauschprodukte in reiner Form erhalten zu können, wurden die höheren homologen Perfluoralkyliodoxiddifluoride mit $(CF_3CO)_2O$ und N_2O_5 zur Reaktion gebracht. Jedoch trat bei diesen Reaktionen verblüffenderweise nicht der erwartete Fluoraustausch ein. Vielmehr bildeten sich in Abhängigkeit von der Temperatur die Perfluoralkyliodtetrafluoride sowie IF_5, Iodoxide und weitere nicht näher identifizierte Zersetzungsprodukte. Das Intensitätsverhältnis von $C_2F_5IOF_2$ zu $C_2F_5IF_4$ in Abhängigkeit von der Temperatur nach 1 Stunde Reaktionszeit ergab sich zu etwa

6:1 bei $-25^{o}C$, 3:1 bei $-10^{o}C$, 2:1 bei $0^{o}C$ und 1:5 bei $25^{o}C$.

Etwas träger reagierte $C_3F_7IOF_2$.

Bei der Umsetzung mit N_2O_5 war schon bei $-10^{o}C$ kein R_fIOF_2 mehr nachweisbar. Auch zahlreiche Variationen der Reaktionsbedingungen führten stets zu den gleichen Resultaten. Eine Erklärung für dieses unterschiedliche Verhalten bei Variation des Perfluoralkylrestes konnte nicht gefunden werden.

4.220 Reaktionen mit den Säuren CF_3COOH und CH_3COOH

Während die Umsetzungen mit den Säureanhydriden stufenweise verliefen, konnte bei den entsprechenden Reaktionen mit Säuren ein monosubstituiertes Produkt nicht beobachtet werden. Es stellt sich mit Trifluoressigsäure und Essigsäure stets ein Gleichgewicht ein:

$$CF_3IOF_2 + 2\ HOR \rightleftharpoons CF_3IO(OR)_2 + 2\ HF \quad (R = CF_3CO,\ CH_3CO)$$

Aber selbst bei großem Überschuß an Säure konnte dieses Gleichgewicht nie vollständig zur rechten Seite verschoben werden, so daß es auch nicht gelang, die Austauschprodukte in reiner Form zu isolieren. Die in Lösung im Gleichgewicht vorliegenden Derivate konnten ^{19}F-NMR-spektroskopisch identifiziert werden.

Die chemischen Verschiebungen lagen für $CF_3IO(OCOCF_3)_2$ bei -55,5 ppm und für $CF_3IO(OCOCH_3)_2$ bei -56,5 ppm. Die geringfügige Abweichung gegenüber den in Kap. 4.210 beschriebenen Daten ist auf die unterschiedlichen Substanzgemische zurückzuführen.
Auch hier zeigte sich also im Gegensatz zu CF_3IF_4 eine höhere Reaktivität von CF_3IOF_2.

4.230 Reaktionen mit den Alkoholen CH_3OH, C_2H_5OH und $(CH_3)COH$

Die Austauschreaktionen von CF_3IOF_2 mit den Alkoholen wurden in den molaren Verhältnissen 1:1, 1:2 und 1:4 untersucht.

Bei den Umsetzungen mit CH_3OH wiesen die ^{19}F-NMR-Spektren neben den Signalen von CF_3IOF_2 noch drei breite Signale bei -57,8, -62,6 und -174 ppm auf, wobei die Intensität des Signals bei -57,8 ppm mit steigender Alkoholmenge zunahm. Dieses Signal kann dem Alkoholat $CF_3IO(OCH_3)_2$ zugeordnet werden, während die beiden anderen bei -62,6 ppm von CF_3IO_2 und bei -174 ppm von HF stammen. Selbst bei einem Unterschuß an Methanol ist im Spektrum kein Hinweis auf ein monosubstituiertes Produkt zu finden. Die Bildung von CF_3IO_2 ist unerwartet und eigentlich nur durch Hydrolyse von CF_3IOF_2 erklärbar, wie sie auch schon bei der Umsetzung von IF_5 mit Alkoholen festgestellt werden konnte [22]. Danach reagiert der primär bei der Reaktion

$$CF_3IOF_2 + 2\ CH_3OH \rightarrow CF_3IO(OCH_3)_2 + 2\ HF$$

gebildete HF mit nicht umgesetztem Alkohol zu H_2O und Fluormethan

$$CH_3OH + HF \rightarrow H_2O + CH_3F.$$

Das dabei entstandene Wasser hydrolysiert CF_3IOF_2 oder $CF_3IO(OCH_3)_2$

$$CF_3IOF_2 + H_2O \rightarrow CF_3IO_2 + 2\ HF$$
$$CF_3IO(OCH_3)_2 + H_2O \rightarrow CF_3IO_2 + 2\ CH_3OH.$$

Völlig analog verlaufen auch die Reaktionen mit C_2H_5OH und $(CH_3)_2COH$. In Lösung liegen neben unumgesetztem CF_3IOF_2 noch die Austauschprodukte $CF_3IO(OC_2H_5)_2$ bzw. $CF_3IO(OC(CH_3)_3)$ sowie CF_3IO_2 und HF vor. Die Fluorsignale der CF_3-Gruppe in $CF_3IO(OR)_2$ verschieben sich vom Methanolat über das Äthanolat zum tert.-Butanolat geringfügig zu höherem Feld Dies ist durch den größer werdenden +I-Effekt der Alkylgruppen zu erklären, der die Elektronendichte der CF_3-Gruppe geringfügig erhöht.

Die Bildung der Dialkoholate $CF_3IO(OR)_2$ in Lösung konnte ebenfalls durch Aufnahme der IR-Spektren nachgewiesen werden.

Während bei den Reaktionen von CF_3IOF_2 mit Alkoholen die Austauschprodukte eindeutig im Gleichgewicht vorliegen, verliefen die entsprechenden Reaktionen von $C_2F_5IOF_2$ und $C_3F_7IOF_2$ nicht so glatt. Erst bei +25°C war eine beginnende Umsetzung erkennbar. Dabei konnten aber als Reaktionsprodukte ausschließlich die Dioxide $C_2F_5IO_2$ und $C_3F_7IO_2$ sowie HF nachgewiesen werden. Hinweise auf die Existenz von Alkoholaten fanden sich nicht. Wegen der Bildung der Dioxide und HF muß aber auf einen analogen Reaktionsweg geschlossen werden, wie er oben für die Umsetzung von CF_3IOF_2 mit CH_3OH formuliert wurde. Vermutlich sind bei den höheren homologen Perfluoralkyliod-Verbindungen die Folgereaktionen so schnell, daß die intermediär gebildeten Austauschprodukte rasch weiterreagieren. Die NMR-Daten der Trifluormethyliodoxiddialkoholate sind nachfolgend zusammengefaßt.

	$\delta(CF_3)$	$\delta(CH_3)$	$\delta(CH_2)$
$CF_3IO(OCH_3)_2$	-57,8 ppm	4,75 ppm	-
$CF_3IO(OCH_2CH_3)_2$	-58,6 ppm	1,26 ppm	3,66 ppm
$CF_3IO(OC(CH_3)_3)_2$	-60,0 ppm	1,41 ppm	-
$CF_3IF_2(OCH_3)_2$ [4]	-58,3 ppm	4,34 ppm	

Gezielte Versuche, die Dialkoholate in Substanz zu isolieren, schlugen erwartungsgemäß fehl. Es gelang nicht, die Gleichgewichte vollständig zur Seite der Austauschprodukte zu verschieben ohne gleichzeitige Folgereaktionen. Auch in verdünnten Lösungen bei einer Temperatur von -25°C und einer langen Reaktionsdauer von mehreren Tagen waren keine besseren Ergebnisse zu erzielen. Weiterhin wurde versucht, das Lösungsmittel, die Reaktionstemperatur und die stöchiometrischen Verhältnisse zu variieren, aber leider ebenfalls ohne Erfolg.

4.240 Reaktion mit $SiCl_4$

Die Reaktion von CF_3IF_2 mit $SiCl_4$ führte zur Darstellung von CF_3ICl_2. Bei der Umsetzung von CF_3IF_4 mit $SiCl_4$ war der Beweis gelungen, daß ein Halogenaustausch stattgefunden hatte. So war auch bei CF_3IOF_2 eine Halogenaustauschreaktion zu erwarten.

Zur Umsetzung wurde CF_3IOF_2 in CH_3CN oder THF bei -40°C bis -50°C gelöst und sukzessive mit einer Lösung von $SiCl_4$ versetzt. Im ^{19}F-NMR-Spektrum der Acetonitril-Lösung zeigte sich dabei ein rasches Verschwinden der Signale für CF_3IOF_2. Stattdessen traten neue Signale im Bereich der Fluorsilane, im Bereich der CF_3I(V)-Verbindungen und für CF_3I auf. Bei Zugabe eines Überschusses an $SiCl_4$ änderte sich das Spektrum nur wenig. Bei einer Erhöhung der Temperatur bis 0°C verschwanden die Signale im Bereich der CF_3I(V)-Verbindungen. Wurde THF als Lösungsmittel gewählt, so waren im CF_3I(V)-Bereich nur sehr schwache Signale erkennbar. Dafür trat neben CF_3I und den Fluorsilanen ein weiteres starkes Signal bei 30,1 ppm auf, das dem CF_3ICl_2 zuzuordnen wäre. Dieses Signal verschwand bei Erwärmung auf 0°C, was der schon bei der Untersuchung von CF_3ICl_2 gemachten Beobachtung entspricht (vgl. Kap. 3.160). Eine weite Variation der Reaktionsbedingungen (Temperatur, Lösungsmittel, molares Verhältnis von CF_3IOF_2 zu $SiCl_4$) zeigte identische Ergebnisse. Das Austauschprodukt CF_3IOCl_2 war also präparativ nicht herstellbar.

Bei diesen Reaktionen fand jeweils eine Fluoraustauschreaktion statt. Die Bildung von CF_3I und von CF_3ICl_2 in THF als Lösungsmittel deutet auf eine rasche Zersetzung des primären Austauschproduktes hin. CF_3IOF_2 zeigt demnach gegenüber $SiCl_4$ ein ähnliches Reaktionsverhalten wie CF_3IF_4.

4.250 Reaktionen mit den Fluoridionenakzeptoren BF_3, AsF_5 und SbF_5

Während alle bekannten Perfluoralkyliodfluoride R_fIF_2, R_fIF_4 und R_fIOF_2 keine Fluoridionenakzeptoreigenschaften aufwiesen (mit Alkalimetallfluoriden waren keine Reaktionen zu erkennen), reagieren sie mit Lewis-Säuren sehr heftig. So entstehen bei der Umsetzung von CF_3IF_2 mit z.B. BF_3 über nicht näher identifizierte Zwischenstufen CF_4, elementares Iod und $IF_2[BF_4]$. Auch bei der Umsetzung von CF_3IF_4 mit z.B. AsF_5 wird CF_4 abgespalten und der Iod(III)-Komplex $IF_2[AsF_6]$ gebildet. Für eine präparative Darstellung eignen sich diese Verfahren allerdings nicht gut. Dagegen konnten die Reaktionen von CF_3IOF_2 mit Fluoridionenakzeptoren zu Darstellungsverfahren für die neuen Iodosylverbindungen $IO[BF_4]$, $IO[AsF_6]$, $IO[SbF_6]$ und $IO[Sb_2F_{11}]$ entwickelt werden [23].

In allen Fällen wurde eine Suspension von CF_3IOF_2 in CCl_3F eingesetzt. Während bei der Einleitung von BF_3 in die Suspension schon bei -78°C eine spontane Gasentwicklung einsetzt, ist die Reaktion mit AsF_5 erst bei -20°C befriedigend schnell. Im Falle des SbF_5 werden bei tieferer Temperatur die äquimolaren Mengen der Reaktanten zusammengegeben und die Reaktion dann bei 0°C durchgeführt. Es trat jeweils während der Reaktion Gasentwicklung von CF_4 auf, und die Iodosyl-Verbindungen konnten als gelb bis orange gefärbte, unbeständige, hygroskopische und hydrolyseempfindliche Festkörper isoliert werden:

$$CF_3IOF_2 + BF_3 \rightarrow IO[BF_4] + CF_4$$
$$CF_3IOF_2 + AsF_5 \rightarrow IO[AsF_6] + CF_4$$
$$CF_3IOF_2 + SbF_5 \rightarrow IO[SbF_6] + CF_4$$
$$CF_3IOF_2 + 2\ SbF_5 \rightarrow IO[Sb_2F_{11}] + CF_4$$

Die neuen Substanzen sind durch Elementaranalyse, Raman- und NMR-Spektren eindeutig identifiziert. Die thermische Stabilität nimmt in der Reihe $IO[BF_4] < IO[AsF_6]$, $IO[Sb_2F_{11}] < IO[SbF_6]$ zu. $IO[BF_4]$ zersetzt sich bei -13°C unter Braunfärbung und BF_3-Entwicklung, als Rückstand bleibt ein Gemisch aus Iod, I_2O_5 und IF_5. In Anlehnung an die thermische Zersetzung von $IO_2[BF_4]$ [24] können folgende Zersetzungsschritte formuliert werden:

$$IO[BF_4] \rightarrow BF_3 + \langle IOF \rangle$$
$$5\ \langle IOF \rangle \rightarrow I_2 + I_2O_5 + IF_5.$$

$IO[AsF_6]$ zersetzt sich bei +2°C, $IO[SbF_6]$ bei +19°C unter zunächst Rot- und schließlich Braunfärbung. $IO[Sb_2F_{11}]$ geht bei +4°C in eine intensiv rot gefärbte Flüssigkeit über; hierbei wird vermutlich SbF_5 abgespalten, das als Lösungsmittel für die Zersetzungsprodukte wirkt.

4.260 Zusammenfassung der Fluoraustauschreaktionen

Während sich die Perfluoralkyliod(V)tetrafluoride gegenüber Fluoraustauschreaktionen als relativ träge erwiesen haben, sind die Perfluoralkyliod(V)oxiddifluoride wesentlich reaktiver. So werden bei den Reaktionen mit den Säureanhydriden $(CF_3CO)_2O$, $(CH_3CO)_2O$ und N_2O_5 die jeweiligen Austauschprodukte gebildet, wobei als Zwischenstufe in Lösung jeweils das teilsubstituierte Produkt $R_fIOF(OR)$ entsteht. Eine Isolierung der neuen Derivate in reiner Form scheitert daran, daß bei der Auf-

arbeitung rasche Zersetzungen eintreten. Mit den Säuren CF_3COOH und CH_3COOH stellen sich in Lösung Gleichgewichte mit den Austauschprodukten ein.
Bei den Reaktionen mit Alkoholen finden im Falle des CF_3IOF_2 ebenfalls Austauschreaktionen zu den Alkoholaten statt. Auch hier stellen sich Gleichgewichte ein; eine Isolierung der Alkoholate gelingt nicht. Bei Einsatz der höheren homologen Verbindungen $C_2F_5IOF_2$ und $C_3F_7IOF_2$ sind die Reaktionen nicht eindeutig, es lassen sich nur Zersetzungsprodukte nachweisen, die aber darauf schließen lassen, daß primär Austauschreaktionen abgelaufen sein mußten.
Auch bei der Umsetzung mit $SiCl_4$ muß eine primäre Austauschreaktion angenommen werden. Es ist nicht verwunderlich, daß dieses Primärprodukt nicht gefaßt werden kann, da auch andere Iod(V)chloride nicht existieren. Stattdessen ist aber die Bildung von CF_3ICl_2 nachweisbar, das durch rasche Zersetzung entstanden ist.
Die ^{19}F-NMR-Daten der Trifluormethyliod(V)-Derivate sind in Tabelle 3 zusammengefaßt.

Schließlich können als Zersetzungsprodukte der Reaktionen von CF_3IOF_2 mit Lewis-Säuren Iodosylverbindungen isoliert werden. Diese Umsetzungen ließen sich zu einem neuen Darstellungsverfahren für Iodosylverbindungen entwickeln.

Tabelle 3: ^{19}F-NMR-Spektren der Trifluormethyliod(V)-Derivate

Verbindung	Chemische Verschiebung (ppm) [a)] CF_3-Gruppe	IF_n-Gruppe
CF_3IF_4	-57,5 Qt	-34,9 Q
CF_3IOF_2	-60,4 T	-30,5 Q
CF_3IO_2	-62,6 S	-
$CF_3IF_3(OCOCF_3)$	-52,8 Q	-28,6 Q
$CF_3IF_2(OCOCF_3)_2$	-59,1 T	-20,3 Q
$CF_3IF_3(OCH_3)$ [b)]	-56,6	-7,0/-46,5
$CF_3IF_2(OCH_3)_2$ [b)]	-58,3	-21,9
$CF_3IOF(OCOCF_3)$	-54,9 D	-35,8 Q
$CF_3IO(OCOCF_3)_2$	-54,4 S	-
$CF_3IOF(OCOCH_3)$	-54,7 D	-35,9 Q
$CF_3IO(OCOCH_3)_2$	-56,8 S	-
$CF_3IOF(ONO_2)$	-57,4 D	-36,4 Q
$CF_3IO(ONO_2)_2$	-54,3 S	-
$CF_3IO(OCH_3)_2$	-57,8 S	-
$CF_3IO(OC_2H_5)_2$	-56,8 S	-
$CF_3IO(OC(CH_3)_3)_2$	-60,0 S	-

a) gegen CCl_3F als innerer Standard; alle Werte zu höherem Feld; Lösungsmittel: CH_3CN; D = Dublett, Q = Quartett, Qt = Quintett, S = Singulett, T = Triplett.

b) Lit. [4]; keine Angaben über Multiplizität; keine Angaben über Lösungsmittel.

5.000 Literatur

1 M. Schmeißer und E. Scharf, Angew. Chem. 71, 524 (1959).

2 C.S. Rondestvedt jr., J. Amer. Chem. Soc. 91, 3054 (1969).

3 O.R. Chambers, G. Oates und J.M. Winfield, J.C.S. Chem. Comm. 1972, 839.

4 G. Oates und J.M. Winfield, J.C.S. Dalton Trans. 1974, 119.

5 V.V. Lyalin, V.V. Orda, L.A. Alekseeva und L.M. Yagupolskii, Z. Org. Khim. 7, 1473 (1971).

6 D. Naumann, M. Schmeißer und L. Deneken, J. inorg. nucl. Chem. Supplement 1976, 13.

7 D. Naumann, L. Deneken und E. Renk, J. Fluorine Chem. 5, 509 (1975).

8 M. Schmeißer, P. Sartori und D. Naumann, Chem. Ber. 103, 312 (1970).

9 D. Naumann und J. Baumanns, J. Fluorine Chem. 8, 177 (1976).

10 V.V. Lyalin, V.V. Orda, L.A. Alekseeva und L.M. Yagupolskii, Z. Org. Khim. 6, 329 (1970).

11 D. Naumann, H.H. Heinsen und E. Lehmann, J. Fluorine Chem. 8, 243 (1976).

12 A.V. Fokin, Y.N. Studnev, A.I. Rapkin und L.D. Kuznetsova, Izv. Akad. Nauk SSSR, Ser. Khim. 8, 1892 (1974).

13 M. Lustig, Ph.D. Thesis, University of Washington, 1962.

14 C.J. Schack, D. Pilipovich und K.O. Christe, Inorg. Chem. 14, 145 (1975).

15 a) A. Engelbrecht und F. Sladky, MTP Intern. Rev. of Science, Series Two 3, 137 (1975);
b) F. Aubke und D.D. Des Marteau, Fluorine Chem. Rev. 8, 73 (1977);
c) D. Lentz und K. Seppelt, Angew. Chem. 90, 390 (1978), 91, 68 (1979);
d) K. Seppelt, Chem. Ber. 106, 1920 (1973).

16 M. Schmeißer, D. Naumann, E. Lehmann und W. Stopschinski, 8th Intern. Symp. on Fluorine Chem., Kyoto, 1976, Abstract I-41.

17 J. Thiele und W. Peter, Ber. 38, 2842 (1905), Ann. Chem. 369, 119 (1909).

18 Ein Teil dieser Ergebnisse ist auch in den Dissertationen von W. Habel, Universität Dortmund, 1977, und P. Reinelt, Universität Dortmund, 1979, zusammengefaßt.

19 A. Stosz, Diplomarbeit, Universität Dortmund, 1973.

20 F. Sladky, Mh. Chem. 101, 1571 (1970).

21 D. Naumann, H. Dolhaine und W. Stopschinski, Z. anorg. allg. Chem. 394, 133 (1972).

22 W. Eckermann, Diplomarbeit, Universität Dortmund, 1975.

23 D. Naumann und W. Habel, Z. anorg. allg. Chem. im Druck.

24 M. Schmeißer und K. Brändle, Adv. Inorg. Chem. Radiochem. 5, 42 (1963).

25 G.A. Olah, S.J. Kuhn, W.S. Tolgyesi und E.B. Baker, J. Amer. Chem. Soc. 84, 2733 (1962).

FORSCHUNGSBERICHTE
des Landes Nordrhein-Westfalen

Herausgegeben
vom Minister für Wissenschaft und Forschung

Die „Forschungsberichte des Landes Nordrhein-Westfalen" sind in zwölf Fachgruppen gegliedert:

Geisteswissenschaften
Wirtschafts- und Sozialwissenschaften
Mathematik / Informatik
Physik / Chemie / Biologie
Medizin
Umwelt / Verkehr
Bau / Steine / Erden
Bergbau / Energie
Elektrotechnik / Optik
Maschinenbau / Verfahrenstechnik
Hüttenwesen / Werkstoffkunde
Textilforschung

SPRINGER FACHMEDIEN WIESBADEN GMBH

GPSR Compliance
The European Union's (EU) General Product Safety Regulation (GPSR) is a set of rules that requires consumer products to be safe and our obligations to ensure this.

If you have any concerns about our products, you can contact us on

ProductSafety@springernature.com

In case Publisher is established outside the EU, the EU authorized representative is:

Springer Nature Customer Service Center GmbH
Europaplatz 3
69115 Heidelberg, Germany

www.ingramcontent.com/pod-product-compliance
Ingram Content Group UK Ltd.
Pitfield, Milton Keynes, MK11 3LW, UK
UKHW061657190726
13853UKWH00008B/2267

* 9 7 8 3 5 3 1 0 3 1 1 5 6 *